DEUTSCHE AKADEMIE DER WISSENSCHAFTEN ZU BERLIN

VORTRÄGE UND SCHRIFTEN

HEFT 43

DAS GESETZ VOM ABNEHMENDEN BODENERTRAGE UND WAS DARUNTER ZU VERSTEHEN IST

von

Eilh. Alfred Mitscherlich

1952

AKADEMIE-VERLAG BERLIN

Erschienen im Akademie-Verlag GmbH., Berlin NW 7, Schiffbauerdamm 19
Lizenz Nr. 202 · 100/53/51
Gedruckt in der Buchdruckerei Oswald Schmidt GmbH., Leipzig III/18/65
Bestell- und Verlagsnummer 2003/43
Preis DM 1,50
Printed in Germany

Das Gesetz vom abnehmenden Bodenertrage
und was darunter zu verstehen ist

Von Eilh. Alfred Mitscherlich

Angenommen für die „Vorträge und Schriften" am 5. April 1951

Wissenschaft ist international! – Unser großer *Planck* hat dazu einst gesagt: „Die Geschichte der internationalen Wissenschaft hat immer aufs neue gezeigt, daß die Wissenschaft ebenso wie die Kunst und die Religion zunächst nur auf nationalem Boden recht gedeihen kann. Erst von hier aus ist ein fruchtbarer Zusammenschluß der Völker zu edlem Wettbewerb möglich." Und ferner: „Unablässige wissenschaftliche Arbeit vor allem in den Einzelwissenschaften, unbeeinflußt von politischen Absichten, ist des erste und sicherste Mittel, um das Bedürfnis und den Wunsch nach Annäherung der Völker auf wissenschaftlichem Boden zu erwecken und die Forscher aller Länder zusammenzuführen, nicht als eifersüchtige Konkurrenten, sondern als treue Diener einer gemeinsamen, heiligen Sache, ein Ziel, welches *Leibniz* schon vor mehr als 200 Jahren vor Augen sah."

Es ist sicher, daß ein junger Forscher zunächst die wissenschaftlichen Ergebnisse verarbeiten wird, welche ihm in seiner Muttersprache geboten werden und damit „national" arbeitet; andrerseits werden ihn dann schon Literaturnotizen allmählich immer mehr auch auf die im Auslande auf verschiedenen Gebieten bereits durchgeführten Arbeiten aufmerksam machen, und er wird froh sein, wenn ihm diese dann, sei es durch seine eigenen Sprachkenntnisse, sei es aber auch in Übersetzungen, zur Verfügung stehen. Ganz besonders erfreulich ist es dabei, wenn der ausländische Autor selbst die Muttersprache des jungen Gelehrten beherrscht und seine Bücher und Arbeiten in dieser drucken lassen kann bzw. ihre Übersetzungen zu kontrollieren vermag! Denn vielfach werden gerade bei Übersetzungen wissenschaftlicher Werke Begriffe und Fachausdrücke unrichtig wiedergegeben, welche dann in dem betreffenden Lande stärkste Opposition hervorrufen können! Ein Beispiel hierfür, mit dem wir uns nachdem ausführlicher beschäftigen wollen, ist das „Gesetz vom abnehmenden Bodenertrage“. Hier wurden nicht nur Mißverständnisse in die russische Literatur eingebracht, sondern es gab auch wieder Deutsche, welche diese Mißverständnisse nun wieder aus der russischen Literatur zurück übernahmen, um so unbewußt die Verwirrung der Begriffe nur um so stärker zu dokumentieren. –

Im allgemeinen werden die internationalen Beziehungen zwischen den Gelehrten aller Welt am meisten gefördert durch die Internationalen Gesellschaften und Tagungen auf den einzelnen Forschungsgebieten, die nicht nur sehr viel gegenseitige wissenschaftliche Anregungen bieten, sondern auch vielfach engere kollegiale Beziehungen – ja Freundschaften – zwischen den einzelnen Persönlichkeiten zur Folge haben. –

Bevor ich nun näher auf mein Thema eingehe, möchte ich noch etwas über die heutigen internationalen Beziehungen in unserer Landwirtschaftswissenschaft sagen:

Ich las gerade jetzt eine sehr bedeutende Schrift des international berühmten sowjetischen Gelehrten *D. N. Prjanischnikow* „Der Stickstoff im Leben der Pflanzen und im Ackerbau der UdSSR“. Es mag wohl die letzte Arbeit gewesen sein, die der in hohem Alter kürzlich verstorbene Gelehrte der Welt geschenkt hat. – Ich habe selten ein Buch zu lesen bekommen, in dem ein Wissenschaftler von hoher Warte aus den Leistungen seiner Kollegen aus allen Ländern der Erde so gerecht geworden ist, und in dem trotzdem gleichzeitig die eigene große Lebensarbeit, wie die seiner vielen sowjetischen Schüler, ebenso sachlich wie bescheiden behandelt, gewissermaßen den roten Faden bildet, welcher sich durch das ganze Werk hinzieht! Dazu mag vielleicht beigetragen haben, daß der Verfasser auch in den verschiedensten Ländern Europas gearbeitet hatte und deren Sprache beherrschte, und daß er selbst ein Gelehrter von internationalem Rufe war, dem dadurch die Literatur zuströmte. So läßt sich denken, daß einem solchen Forscher sich jeder junge Gelehrte in der Welt durch Zusendung seiner eigenen kleinen Arbeiten bekannt machen wollte und so in den Gesichtskreis des großen Meisters trat. Dieser vermochte wohl auch dadurch den Leistungen der ausländischen Kollegen auf seinem Gebiete mehr gerecht zu werden. Auf derartige wissenschaftliche Dokumente kann auch ein ganzes Land sicher stolz sein!

Nicht so, wenn vom Auslande uns längst bekannte Dinge als Neuerungen gebracht werden, und wenn uns dabei strahlend mitgeteilt wird, wieviel bedeutende Gelehrte dort zuvor gerade an diesem Problem gearbeitet haben! Dadurch kann nur bei dem Laien der Eindruck erweckt werden, daß wir hier in Deutschland die ganzen Jahrzehnte in unserer Wissenschaft arg im Rückstande gewesen sind, während gerade das Umgekehrte meist der Fall war. – Häufig sind ja die landwirtschaftlichen Produktionsbedingungen im Auslande ganz andere als bei uns und damit gar nicht direkt übertragbar. Eine Methode z. B. wie das Feldgrassystem, welches jetzt in ganz großzügiger Weise in der UdSSR eingeführt wird, wird bei uns, wo es die Verhältnisse gestatten, in Schleswig-Holstein, schon seit mehr als 250 Jahren mit größtem Erfolge durchgeführt, wobei die bekannten Knicks die Windschutzhecken bilden. Vielfach sind wir aber auch von der Feldgraswirtschaft schon zum Fruchtwechsel übergegangen, da wir von unserem Boden für unsere Bevölkerung höhere Erträge erzielen mußten, als sie uns diese Feldgraswirtschaft lieferte. – Ganz ebenso aber steht es mit unserer Wissenschaft. Die Sowjetunion z. B. hat einen Überfluß an Land; sie nahm dadurch immer mehr Neuland in Kultur, ihre Bodenkunde betrachtete so wissenschaftlich auch dieses verschiedene Neuland, sie war damit von vornherein mehr geologisch, geognostisch und kartographisch eingestellt, während wir auf altem Kulturlande unsre Erträge steigern mußten und so die Bodenkunde mehr vom pflanzenphysiologischen Standpunkte aus bearbeiteten. Das Interesse der Humuswirtschaft war so bei uns schon ein altes Problem, an dem wir wissenschaftlich seit *Albrecht Thaer*s Zeiten bereits arbeiten und bodenphysikalisch bereits vor 70 Jahren durch die Forschungen von *Ewald Wollny*, der ganz besonders auf die Krümelstruktur im Boden hingewiesen hat, größte Erkenntnisse erringen konnten. Unsere deutsche Wissenschaft ist so auch auf diesem Gebiete meist führend gewesen, und unsere landwirtschaftliche Intelligenz hat sich auch alle diese Forschungsergebnisse schon jahrzehntelang zunutze gemacht bzw. zunutze machen können!

Natürlich wird die Wissenschaft viel eher in die Praxis nutzbringend eingreifen können, wenn nicht von dem einzelnen Forscher diese Vermittlungsarbeiten geleistet werden, wie das mir einst im damaligen Ostpreußen vergönnt war, sondern wenn der Staat das von sich aus in die Hand nimmt. Welche Möglichkeiten dadurch gegeben werden, erkennt man am besten an den Beispielen der UdSSR bei der Wiederfruchtbargestaltung weiter, wüst gewordener Steppenflächen, für die natürlich auch gerade die sowjetischen Gelehrten die ersten Vorarbeiten leisten durften! – Diese große Umwälzung in der sowjetischen Landwirtschaft, von der uns auch *Prjanischnikow* in seinem Buche ein anschauliches Bild gibt, sind staunenswert; sie verlangen die größte Hochachtung vor dem Staate, vor seiner Wissenschaft und den dabei tätigen Bauern und Arbeitern!

Auch wir in Deutschland sind bestrebt, die Erträge unserer Flächen immer weiter zu steigern; doch die Art, wie wir hier vorgehen müssen, ist, wie uns das unsere Wissenschaft lehrt, eine andere; und wiederum andere werden es in den verschiedenen Ländern der Erde sein, die das Problem der Steigerung der Ernteerträge alle in gleicher Weise interessiert, und die es bemeistern müssen im nationalen wie im internationalen Interesse an der Ernährung der Menschheit.

Und nun kommen wir zum „Gesetz des abnehmenden Bodenertrages". In diesem speziellen Falle zur Übertragung eines wissenschaftlichen Problems in eine andere Sprache. Hier liegen nun die Verhältnisse auch noch dadurch weit komplizierter als gewöhnlich, weil bereits im Deutschen dieses Gesetz falsch benannt worden war, wodurch bei einer Übertragung in eine fremde Sprache die größten Irrtümer unterlaufen mußten.

Schon im Jahre 1905 suchte ich hier Klarheit zu schaffen, als ich zu einer Kritik des Werkes von *Joseph Eßlen:* „Das Gesetz des abnehmenden Bodenertrages seit Justus von Liebig. Eine dogmengeschichtliche Untersuchung", München 1905, J. Schweitzer Verlag (Arthur Sellier), von Schmollers Jahrbücher aus aufgefordert worden war. Gleich im Anfang dieser damals sehr beachteten Kritik habe ich vor fast 50 Jahren bereits das Folgende ausgeführt:

„Es ist zu bedauern, daß der Verfasser nicht zunächst – wenigstens im Vorwort – eine Definition des ‚Gesetzes vom abnehmenden Bodenertrage' gegeben hat, da dadurch das Verständnis, insonderheit des ersten Teiles seines Buches, für den Laien wesentlich erleichtert worden wäre. Denn der Name des Gesetzes ist an sich zwar dem Nationalökonomen geläufig, aber – für weitere Kreise unbekannt und – einst recht unglücklich gewählt. Wenn der Leser den Namen des Gesetzes liest, wird er stets geneigt sein, an die ersten Differenzen, d. h. an eine direkte Abnahme der Bodenerträge zu denken, und nicht an die zweiten Differenzen, die das Gesetz umfaßt, an die Abnahme in der Z u n a h m e der Bodenerträge."

Und so ist es auch in der Tat den Übersetzern und damit vielen ausländischen Forschern ergangen, die sich nicht tiefer mit diesem Gesetze beschäftigen konnten. Sie meinten – und das dann durchaus berechtigt! –, daß ein solches Gesetz nicht existiere, nicht richtig sei! Es stimme nicht, daß die Erträge eines Feldes von Jahr zu Jahr abnehmen müßten!!

Darin haben sie nun vollkommen recht! – Daran hat aber auch keiner bei uns in Deutschland gedacht! – Unsere ganze Arbeit

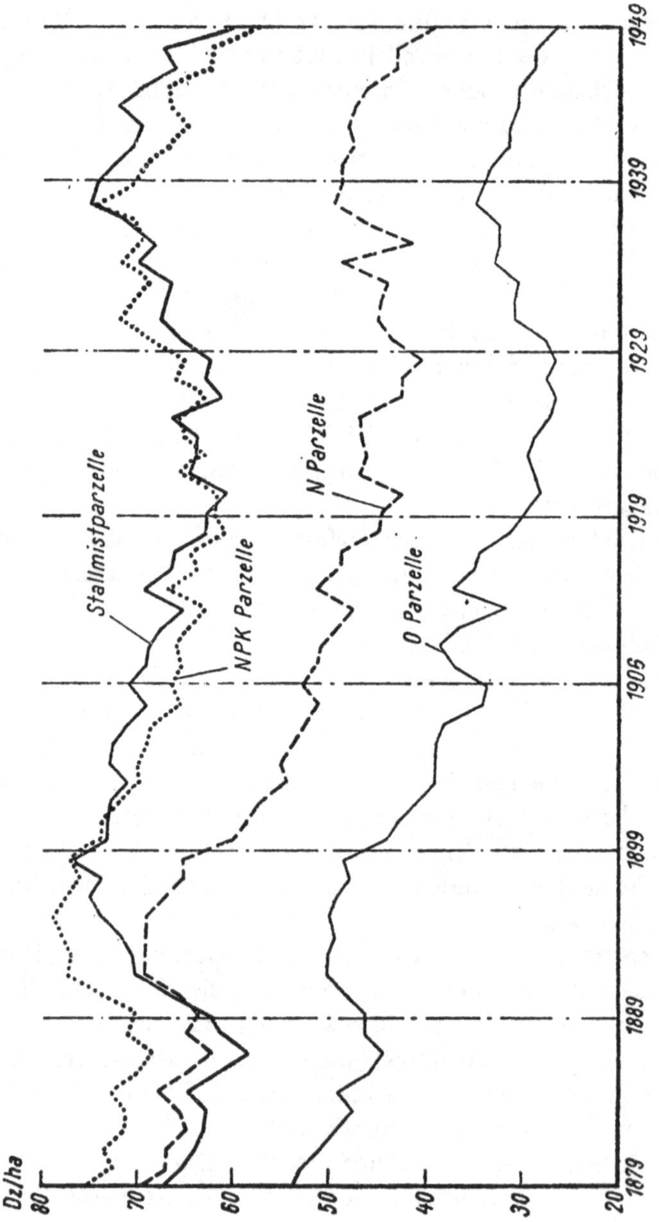
Dz/ha
80
70
60
50
40
30
20
1879
1889
1899
1906
1919
1929
1939
1949
Stallmistparzelle
NPK Parzelle
N Parzelle
O Parzelle

Abb. 1

zur Steigerung unserer Erträge wäre ja sinnlos, wenn ein derartiges Gesetz unseren Erfolgen Schranken vorlegen würde!

Natürlich werden die Erträge von Jahr zu Jahr geringer werden, wenn man nicht für die Ertragsfähigkeit des Bodens Sorge trägt. Der Boden selbst kann auch für einige Pflanzen „ertragsmüde" werden, wenn sich in ihm z. B. Parasiten breitmachen, die für diese Pflanzen gefährlich sind, wie der Kleekrebs für den Kleebau und die Rübennematode für den Runkelrübenbau. – Auch wird ein Landwirt, der immer nach Schema F arbeitet, wie er das vom Vater erlernt hat, allmählich immer geringere Erträge erzielen. – Welchen Einfluß hier bereits heute die nicht sachgemäße Anwendung der Mineraldüngung ausmachen kann, lehrt uns das Versuchsfeld des Landwirtschaftlichen Institutes der Universität Halle, wo seit 70 Jahren dauernder = „ewiger Roggenbau" durchgeführt wird. Ich habe hierzu die Mittel von je zehn Jahreserträgen in der Abb. 1 aufgetragen, und zwar als Senkrechte des jeweils mittelsten Jahres. Die hier eingetragenen, fortlaufenden zehnjährigen Mittel sollen die großen Schwankungen der einzelnen Jahreserträge ausgleichen, um den Kurvenverlauf deutlicher in Erscheinung treten zu lassen.

Man ersieht aus ihnen, daß die Jahreserträge fast gleich hoch bleiben, wenn man die Nährstoffe, die man dem Boden alle Jahre in den Ernten entzieht, jedes Jahr wieder ersetzt; so in der obersten, ausgezogenen Kurve, wo dies durch Stalldüngung, und in der obersten, punktierten Kurve, wo es durch eine volle Mineraldüngung geschah und geschieht. Läßt man aber von der letzteren allein den Stickstoff weg, so ergibt sich die gestrichelte Kurve, die einen Ertragsrückgang von 70 auf 40 dz/ha im Verlaufe dieser sieben Jahrzehnte zur Folge hat; und gibt man überhaupt keine Nährstoffe, also auch keine Kali- und Phosphorsäuredüngung, dann fällt der Ertrag, wie das aus der untersten ausgezogenen Kurve zu sehen ist, von 54 auf 27 dz/ha! – Diese Ertragsrückgänge lassen sich sicher durch eine richtige Düngung und durch Einlegen einer Leguminosengründüngung auch in Ertragssteigerungen verwandeln! – Doch das gehört nicht in diesen Versuch! –

Der einzelne Landwirt hat so einen großen Einfluß auf die Ertragssteigerungen. Wenn das auch zunächst nur lokal von Bedeutung ist, so hat doch gerade, wie wir nachdem sehen werden, die große Masse der in der Landwirtschaft arbeitenden Bevölkerung einen großen Einfluß auf die Ertragssteigerung!

Von besonderer Bedeutung ist aber da auch der Staat, der den Anbau zu überwachen hat. – Werden die Wälder abgetrieben, um den Boden für einige Jahre zum Landbau nutzbar zu machen; dann wird das Klima damit verändert und durch Trockenheit und Erosionserscheinungen der Boden bald unfruchtbar. Pyrenäen, Apennin, Karst und Balkan geben ein warnendes Beispiel hierfür, ebenso in letzter Zeit auch weite Strecken in den USA. – Die starken Ertragsrückgänge, die man hier feststellen mußte, werden nun neuerdings in ganz großzügiger Weise in den UdSSR durch die Einführung des von den dortigen Gelehrten ausgearbeiteten Travopol-naja-System behoben durch Anlage von Windschutzstreifen, von Bewässerungsanlagen und die Einführung einer Feldgraswirtschaft. – Ebenso wird auch die Aufforstung des Apennins dort wieder fruchtbareres Land schaffen. Hier ist schon im großen eine Lenkung von Staats wegen erforderlich, da sonst durch derartige Maßnahmen über weite Flächen Landes hin nicht nur der Boden, sondern auch das Klima weitgehend nachteilig beeinflußt wird.

Immerhin sind auch diese Erscheinungen, wenn auch im großen, doch n o c h lokaler Natur, wenngleich durch derartige Maßnahmen die Erträge auch schon großer Flächen Landes wesentlich gehoben werden! Es ist eine schöne Aufgabe, solches, durch das unsachgemäße Verhalten früherer Generationen unfruchtbar gewordenes Land, wieder ertragsfähig zu gestalten!

Was veranlaßt uns nun aber, mit großer Sicherheit zu sagen, daß unsere Ernteerträge von Jahr zu Jahr zunehmen müssen, daß es also ein „Gesetz des abnehmenden Bodenertrages“ n i c h t gibt?

Prjanischnikow hat in seinem zitierten Werke folgende Angaben für die Erträge in Deutschland gemacht:

Im Mittelalter betrug hier der Kornertrag 7,5 dz/ha. Auf dieser Höhe hielt er sich kümmerlich, bis der Kleebau eingeführt und damit dem Boden Stickstoff zugeführt wurde. Er stieg jetzt schnell an und erreichte von 1840 bis 1870 bereits 13 dz/ha und 1880 schon 14 dz/ha. Auf dieser Höhe hielt er sich wieder einige Jahre lang, um dann infolge der Einführung der Mineraldüngung in den Jahren 1891 bis 1900 auf 17,4 dz/ha und 1908 bis 1913 auf 22,7 dz/ha anzusteigen.

Dieser dauernde Ertragsanstieg hat auch bis vor dem Kriege nicht aufgehört. Wie die Abb. 2 zeigt, stiegen im fünfjährigen Mittel nach der Statistik des Deutschen Reiches von 1880 bis 1914 die Weizenerträge von 13 bis 23 dz/ha, die vom Roggen von 10 bis 18 dz/ha und die der Kartoffeln von 80 bis 140 dz/ha. Wenn nun auch durch den ersten Weltkrieg ein Ertragsrückgang bei diesen drei wichtigsten Feldfrüchten, und zwar beim Weizen bis auf 17, beim Roggen bis auf 13,5 und bei den Kartoffeln bis auf 110 dz/ha folgte, so erholten sich diese Erträge bereits nach etwa 17 Jahren, um nun mit einer weiteren Steigerung einzusetzen, der natürlich der zweite Weltkrieg wieder Einhalt gebot. Die Tendenz der dauernden Ertragssteigerung ist trotz alledem augenfällig!

Man erkennt aus diesen Zahlenangaben und auch aus der Abbildung deutlich, daß man selbst in einem alten Kulturlande, wie in Deutschland, noch mit einer dauernden Ertragssteigerung rechnen kann, und wir suchen nun nach der Ursache dieser Erscheinung. Ich sehe sie zunächst in den Fortschritten, die unsere Wissenschaft in diesen Zeiten gemacht hat; fußend auf der starken Ertragssteigerung durch den Kleebau, und dann wieder durch die Mineraldüngung, können wir gleiche Erscheinungen auch weiter noch erwarten! Auch haben wir noch längst nicht alles das ausgenutzt, was uns die Mineraldüngung gebracht hat; noch ist ihre richtige Nutzanwendung bei uns keineswegs in jedes Dorf vorgedrungen; wir haben erst in letzter Zeit ge-

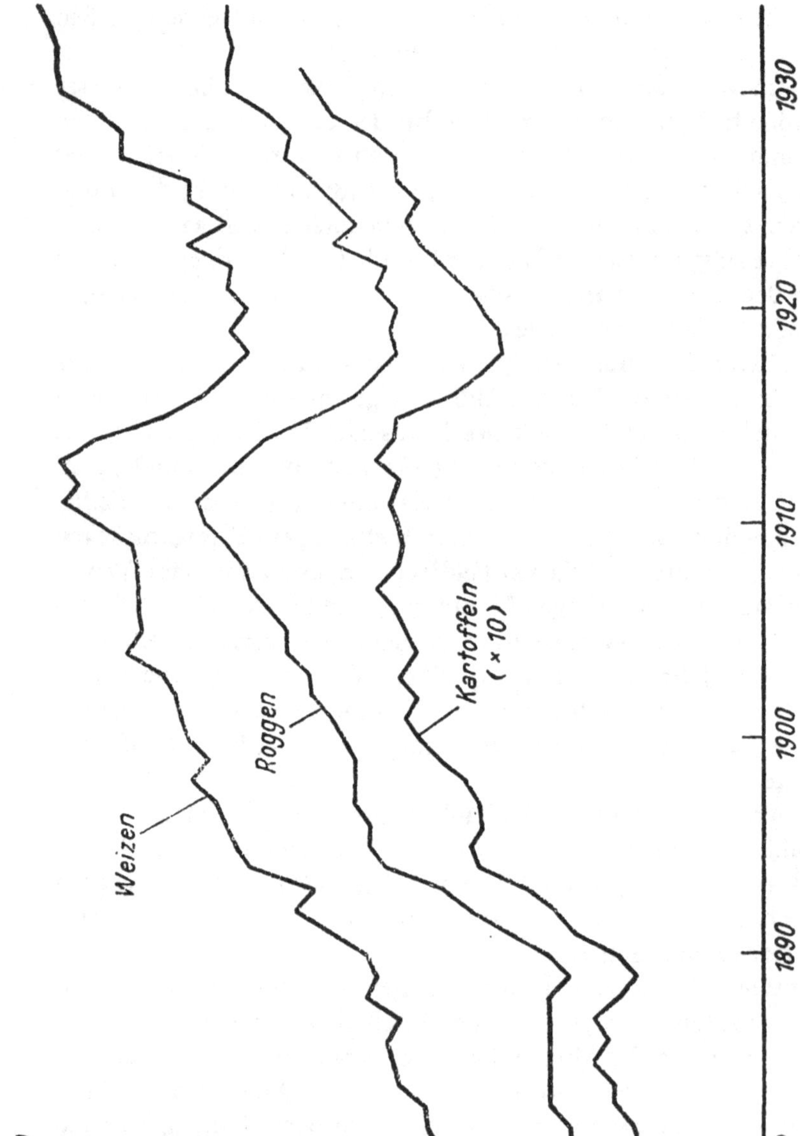
Dz/ha
20
15
10
5
1880
1890
1900
1910
1920
1930
Weizen
Roggen
Kartoffeln
(× 10)

Abb. 2

lernt, wieviel Nährstoffmengen unsere Pflanzen im Boden vorfinden müssen und wie der Gehalt an diesen im Boden durch den Pflanzenversuch zu bestimmen ist; das wird in der landwirtschaftlichen Praxis noch keineswegs ausgenutzt! Wir stoßen jetzt erst wissenschaftlich in die zweckmäßige Behandlung der organischen Düngemittel vor und kommen mit neuen Methoden zur Züchtung ertragreicherer Kulturpflanzen! Kurz: alles ist seit Jahrzehnten hier im Fluß, und auf unsere Wissenschaft bauen wir dabei in erster Linie! In zweiter aber ebenso auf die steigende Intelligenz unserer praktischen Landwirte, die sich endlich im größeren Maße die Errungenschaften unserer Wissenschaft zunutze machen werden. Dann sind sicher in unabsehbarer Zeit Ertragssteigerungen von Jahr zu Jahr zu erwarten, wenn sie auch mal in einem Jahr infolge der Ungunst der Witterung nicht direkt in Erscheinung treten sollten. Sie werden dann trotzdem noch höher sein, als sie unser neuer Fünfjahrplan vorsieht.

Zu diesem Gesetze des abnehmenden Bodenertrages schrieb im Vorjahre der Akademiker *S. F. Demidow* in der Zeitschrift Agrobiologie:

„Der hervorragende Bodenkundler und Agribiologe *W. R. Wiljams* begeisterte sich an der vernichtenden Kritik des Gesetzes vom abnehmenden Bodenertrag in den genialen Werken von *W. I. Lenin*! ‚Lenin', schrieb *W. R. Wiljams*, ‚entlarvte mit der ihm eigenen Entschiedenheit und Festigkeit das Gesetz vom abnehmenden Bodenertrage und bewies, daß es theoretisch falsch und in der Natur gar nicht vorhanden ist. Denn das Gesetz vom abnehmenden Bodenertrag, welches seinem Wesen nach auf der Ewigkeitstheorie und auf der Theorie der Verneinung der Entwicklung alles Bestehenden basiert, ist ein Versuch, die inneren Widersprüche im Kapitalismus durch erdachte Gesetze zu verschleiern.'"

Ein s o l c h e s Gesetz vom abnehmenden Bodenertrage können auch wir in Deutschland nicht anerkennen! Es würde, wenn es wirklich existierte, nur in unserer Wissenschaft und Praxis unsere Freude an der eigenen Arbeit hemmen, die einzig und allein darauf gerichtet ist, die Ernährung unseres Volkes, und – da unsere wissenschaftliche Arbeit international ist – auch die der ganzen Welt sicherzustellen!

Von diesem also nicht bestehenden „Gesetze des abnehmenden Bodenertrages" ist nun streng zu unterscheiden das Gesetz der Abnahme in der Steigerung des Bodenertrages, oder, wenn man will, auch „das Gesetz des abnehmenden Ertragszuwachses"!

Wir wollen nun durch verschiedene Maßnahmen unseren Pflanzenertrag auf der Bodeneinheit von Jahr zu Jahr steigern. Dabei bedingt eine jede Maßnahme, die wir dazu ergreifen, wenn sie richtig angewendet wird, eine Ertragssteigerung. Wenn wir so z. B. den Humusgehalt unseres Bodens verbessern dadurch, daß wir alle organischen Substanzen, die wir nicht zur Nahrung oder irgendwie technisch verwerten können, zu Humus machen, wenn wir Stalldünger und Kompost zweckmäßiger vergären und verlustlos unserem Boden zuführen, oder wenn wir unsere Erträge dadurch steigern, daß wir den Boden durch richtige Bodenbearbeitung (bei nicht zu nassem Zustande!) in den Krümelzustand bringen und dafür sorgen, daß er unseren Pflanzen größere Mengen an gesundem Wasser zur Verfügung stellt – oder wenn wir allgemein besseres hochgezüchtetes Saatgut zur Aussaat nehmen, das ja an und für sich schon höhere Erträge bringt! – oder wenn wir vor der Aussaat und auch während der Vegetation nunmehr allgemein die richtigen Nährstoffmengen dem Boden zuführen, wobei ein jeder dieser Nährstoffe seine eigene Wirkung auf die Ertragssteigerung ausüben muß, wenn er noch dem Boden fehlt! – oder – wenn wir während der Vegetationszeit in trockenen Wochen unsere Felder erst in größerem Umfang künstlich beregnen können – oder wenn wir während der Vegetation auch dafür sorgen, daß der Boden offen und locker bleibt und alles Unkraut, welches dem Kraut Nährstoffe, Platz und Licht entzieht, beseitigt wird, so können wir durch alle diese und noch viele andere Maßnahmen den Ertrag unserer Scholle heben und damit zur Steigerung der Jahreserträge beitragen, und jede einzelne Maßnahme, die wir hier ergreifen, wirkt dabei unabhängig von allen anderen Maßnahmen, die wir vielleicht noch nicht gleich ergreifen können, muß also von sich aus zur Ertragssteigerung unbedingt durchgeführt werden! – Es handelt sich jetzt also nicht um die Steigerung der Erträge von Jahr zu Jahr, sondern um die Frage, wie man in einem Jahre die höchsten Erträge erzielen kann! –

Und nun haben wir jetzt zu untersuchen, wie schnell dabei diese Ertragszunahme mit jeder Verbesserung, die wir durchführen, erfolgt. – Hier gibt es nun ein ganz bestimmtes Gesetz, das wir einmal beim einfachsten Beispiele, bei einer Düngung verfolgen wollen. Gebe ich von einer solchen Düngung eine ganz bestimmte Menge, so steigt damit der Ertrag; gebe ich dann aber noch einmal soviel, dann steigt der Ertrag wieder, doch nun nicht genau um ebensoviel wie nach der ersten Gabe, sondern um ein Geringeres! – Gebe ich nun eine dritte gleich hohe Gabe dazu, so steigt der Ertrag wieder, aber wiederum um weniger als nach der Zugabe der zweiten Gabe, usf., d. h., der Ertragszuwachs wird immer geringer, je mehr von diesem Düngemittel man gibt, und er hört schließlich auf, wenn durch diese Düngung derart große Nährstoffmengen in den betreffenden Boden gekommen sind, wie die Pflanzen von diesem Nährstoffe zur Erzielung höchster Erträge benötigen.

Man glaubte auch hier zunächst nicht an eine Abnahme des Ertragszuwachses, wie wir das eben darstellten; sondern weil man nur den Einfluß eines einzigen Wachstumsfaktors auf die Steigerung des Ertrages im Auge hatte, nahm man an, daß diese der höheren Gabe dieses einen Wachstumsfaktors proportional erfolgen müsse. Beobachtungen, die mit steigenden, aber verhältnismäßig geringen Nährstoffmengen ausgeführt wurden, schienen das auch zu bestätigen, und über die zu erzielenden Grenzwerte machte man sich keine Gedanken. Verwundern konnte das zunächst nicht; denn nahe zueinanderliegende Beobachtungen, die einer Kurve folgen, kann man ja bekanntlich auch in erster Annäherung geradlinig ausgleichen. Und so stieg der

Pflanzenertrag nach dem Gesetz vom Minimum von *Justus v. Liebig* zunächst geradlinig an, bis ein anderer Wachstumsfaktor dann ins Minimum trat. – Man glaubte also auch an die anderen Wachstumsfaktoren, war aber andererseits der Ansicht, daß diese solange keinen Einfluß auf die Höhe der Erträge ausübten, wie nicht ein weiterer von ihnen „ins Minimum" trat; d. h. bis von einem anderen von den für die Ertragsbildung notwendigen Mengen die verhältnismäßig geringsten Mengen vorhanden waren. Wollte man dann noch eine weitere Ertragssteigerung erzielen, so müßte man logischerweise nun die beiden jetzt im Minimum befindlichen Faktoren gleichzeitig weiter steigern usf. Doch darüber machte man sich damals keine Gedanken! – Das Bild wurde ein anderes als man feststellen konnte, daß der Ertrag nicht nur von dem Minimumfaktor, sondern auch gleichzeitig von allen anderen Wachstumsfaktoren abhängt, und daß man so den Pflanzenertrag durch Verbesserung irgendeines Wachstumsfaktors zu steigern vermag! – Das zwang nun bei der Versuchsanstellung dazu, daß man die Ertragssteigerung, die durch irgendeinen Wachstumsfaktor eintritt, nur dann zu verfolgen vermag, wenn man dabei alle anderen Wachstumsfaktoren konstant hielt! Dabei stellte sich nunmehr heraus, daß unser Ertragszuwachs allmählich abnehmen muß und sich so der Pflanzenertrag einer Grenze, also einem endlichen Höchstwerte, nähert. Dieser „Höchstwert" oder „Höchstertrag" setzt ein, wenn die Pflanzen genügende Mengen an diesem einen Wachstumsfaktor, den wir beobachten, haben. Er bedeutet also keineswegs den Abschluß der höchsten Ertragsbildung überhaupt, sondern dieser durch diesen einen Wachstumsfaktor jeweilig erreichte Höchstertrag steigt nunmehr seinerseits wieder nach genau dem gleichen Gesetze mit jedem anderen Wachstumsfaktor, den wir besser gestalten, so auch mit der Verbesserung jedes zweiten, dritten, vierten usf. Faktors. Der jeweilige Höchstertrag gibt nur die Grenze an, bis zu welcher die Ertragssteigerung mit dem ersten Wachstumsfaktor möglich ist; diese ist bedingt durch die jeweilige Konstellation sämtlicher anderer

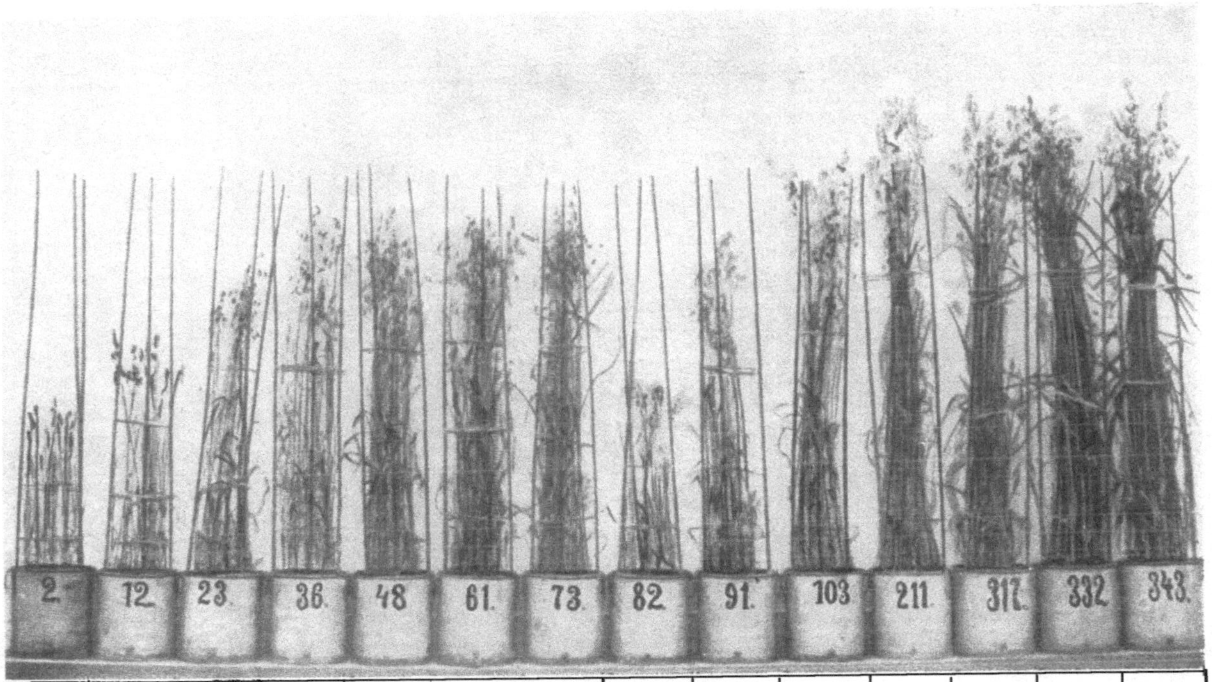

0,0	0,2	0,4	0,8	1,6	3,2	6,4	0,0	0,2	0,4	0,8	1,6	3,2	6,4	g Thomasmehl
600 g H_2O							1200 g H_2O							

Abb. 3

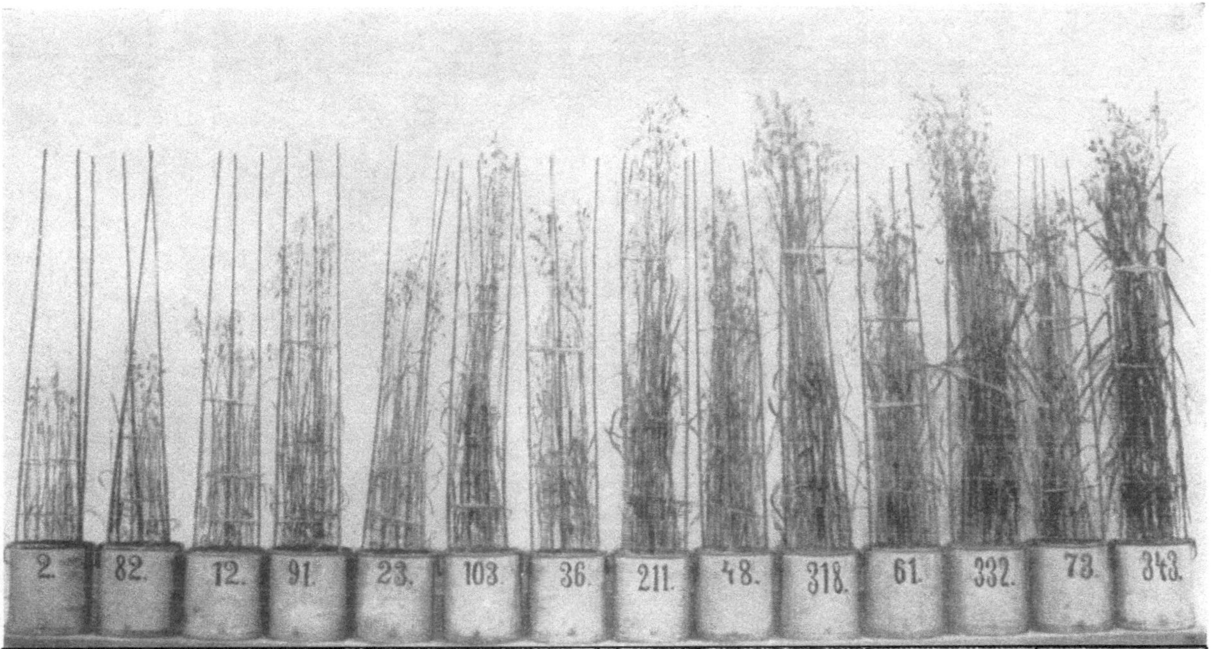

0,0		0,2		0,4		0,8		1,6		3,2		6,4		g Thomasmehl
600	1200	600	1200	600	1200	600	1200	600	1200	600	1200	600	1200	g H_2O

Abb. 4

Wachstumsfaktoren, die wir bei unserem Versuche konstant hielten! Welchen von all diesen verschiedenen Wachstumsfaktoren wir dabei als ersten, zweiten usf. wählen, ist ganz gleichgültig; denn mit der Verbesserung eines jeden Faktors muß so der Ertrag steigen. Allerdings wird diese Ertragssteigerung nun bei Zugabe desjenigen Faktors am größten sein, der den Pflanzen am meisten fehlt, des „Minimumfaktor" *Liebigs*, wobei man nun aber auch nie zu erraten oder gar festzustellen vermag, welcher von all den verschiedenen Faktoren das im Einzelfalle ist! Wie die Erträge z. B. durch Steigen der Phosphorsäuregaben zunehmen und wie sie doch gleichzeitig durch eine höhere Wassergabe weiter gesteigert werden können, mögen die Abb. 3 und 4 zeigen.

(Eine Preisaufgabe: „Welches ist hier der ‚Minimumfaktor?' Phosphorsäure oder Wasser?")

In Abb. 3 sehen wir zwei Ertragssteigerungen durch gesteigerte Phosphorsäuregaben, und zwar wurden bei beiden Kurven von dem ersten zu den folgenden Gefäßen die folgenden Gaben in Gramm Thomasmehl verabfolgt:

0,0 – 0,2 – 0,4 – 0,8 – 1,6 – 3,2 – 6,4

In der linken Ertragssteigerung wurde bei Konstanthaltung aller anderen Wachstumsfaktoren die ständige Wassermenge auf 600 ccm, in der rechten auf 1200 ccm gehalten.

In Abb. 4 sind die gleichen Gefäße derart zusammengestellt worden, daß man bei gleicher Phosphorsäureabgabe in je zwei Nachbargefäßen nunmehr die Ertragssteigerung sieht, welche durch die Erhöhung des Wachstumsfaktors Wasser eintritt.

Verfolgen wir die Abnahme des Ertragszuwachses bei unserem Versuche, so werden wir finden, daß, wenn man mit einer bestimmten Menge des betreffenden Wachstumsfaktors gerade die Hälfte des Höchstertrages erreicht, man mit der doppelten Menge nicht die andere Hälfte, sondern nur ein Viertel mehr ernten wird, und wieder mit der dreifachen gleich hohen Gabe nicht das letzte Viertel, sondern nur ein weiteres Achtel des Höchstertrages usf. – Der Ertragszuwachs fällt also von ein Halb auf ein Viertel, auf ein Achtel, auf ein Sechzehntel usf. – Dank diesem streng mathematischen Gesetze ist es uns ja auch möglich – wie ich Ihnen das früher ausführte –, den Nährstoffgehalt eines Bodens durch einen Düngungsversuch aus der Ertragssteigerung heraus zu bestimmen und dann im voraus zu berechnen, um wie viele Prozente man den jeweiligen Ertrag durch eine beliebige Düngergabe zu steigern vermag.

So können wir also durch Verbesserung eines jeden Wachstumsfaktors unseren Ertrag steigern, und es ist dabei ganz gleichgültig, mit welchem der verschiedenen Faktoren wir damit anfangen. Bestes Saatgut und die erforderlichen Düngemittel muß dazu der Staat liefern; aber wo und wieviel Kali oder Phosphorsäure auf dem einzelnen Felde zu düngen ist, muß der einzelne Landwirt auf seinem Felde selbst feststellen! Gerade dadurch werden unsere Hektarerträge am schnellsten zu heben sein! – Schon allein, wenn uns das allgemein gelingt, kann die Ertragssteigerung großer Flächen Landes, so bereits im Fünfjahrplane im Durchschnitt der DDR die Planung weit übertreffen!

Wir können aber den Jahresertrag auch dadurch ganz wesentlich gegen das Vorjahr heben, wenn wir unseren Boden allgemein besser bearbeiten, wenn wir nur erstklassiges Saatgut zur Aussaat verwenden; aber auch, wenn wir mehr auf unseren Stalldünger achten, ihn besser in Gare bringen und dabei vor Stickstoffverlusten bewahren; wenn wir alle Jauche zu Stalldung verarbeiten und ihren kostbaren Stickstoff nicht mehr in die Gosse weglaufen lassen oder aufs Feld „gießen“! – Jedwede Maßnahme, mit der wir irgendeinen der Wachstumsfaktoren der Pflanze verbessern können, wirkt sich so als Ertragssteigerung aus! – Wenn seit dem Mittelalter auch unsere Kornerträge um 300 Prozent gestiegen sind, so können wir trotzdem damit rechnen, daß sie sich auch weiterhin noch um 100 und mehr Prozente steigern lassen. Versuchen wir es erst mal mit 50 Prozent und setzen wir dafür alle Anbaumaßnahmen und die Düngung richtig an! –

Ich komme nun zum Schluß noch einmal auf das zurück, was ich anfangs über Mißverständnisse sprach, welche insonderheit bei Übertragung von Fachausdrücken in eine andere Sprache hervorgerufen werden können.

Als einst „das Gesetz vom abnehmenden Bodenertrage" in die russische Sprache übersetzt wurde, verstand man dort nicht das, was unsere deutschen Nationalökonomen allgemein darunter verstanden und verstehen, nämlich, daß mit jeder weiteren Erhöhung irgendeiner den Ertrag fördernden Maßnahme, sei sie wirtschaftlicher oder technischer Natur, die durch sie bedingten Mehrerträge ständig abnehmen müssen, sondern, man glaubte daraus schließen zu müssen, daß die Erträge selbst von Jahr zu Jahr zurückgehen sollten!

Diese falsche Auslegung fand in der Sowjetunion weite Verbreitung; und so schrieb man dort mit vollem Recht, daß ein solches „Gesetz vom abnehmenden Bodenertrage" nicht existiere! – Nun wurde aber diese in der Sowjetunion mit Recht festgestellte Tatsache, daß die Jahreserträge nicht zurückgehen, wieder in Deutschland auf das übertragen, was unsere Nationalökonomen einst unter dem „Gesetze des abnehmenden Bodenertrages" verstanden hatten, nämlich auf das Gesetz des abnehmenden Ertragszuwachses oder, wie dieses jetzt meist pflanzenphysiologisch genannt wird: „auf das Wirkungsgesetz der Wachstumsfaktoren", auf das Gesetz, welches international, und so auch von den sowjetischen Gelehrten, durchaus anerkannt wird!

Wenn so kürzlich in der „Täglichen Rundschau" ein deutscher Professor und viel gelesener landwirtschaftlicher Schriftsteller schreibt: „Vor allem muß die lähmende Irrlehre vom ‚Gesetz des abnehmenden Ertragszuwachses' jetzt endlich aus unseren landwirtschaftlichen Lehrbüchern und Schulen verschwinden!", so wendet er sich damit unwissentlich und unwissenschaftlich gegen ein Naturgesetz, welches tatsächlich besteht. Er vergrößert damit nur die Mißverständnisse, welche um das Gesetz vom abnehmenden Bodenertrage bestanden, ohne der Sache zu dienen!

Kolibri 360 GmbH
Ferdinand-Jühlke-Straße 7
99095 Erfurt, Deutschland
produktsicherheit@kolibri360.de